aid

1075/2010

Herausgegeben vom
aid infodienst
Ernährung, Landwirtschaft,
Verbraucherschutz e. V.
Heilsbachstraße 16
53123 Bonn
Internet: www.aid.de
E-Mail: aid@aid.de
mit Förderung durch das
Bundesministerium für
Ernährung, Landwirtschaft und
Verbraucherschutz.

Text:
Dr. Andrea Krause, aid

Bilder:
Peter Meyer, aid: S. 10, 13, 22
Bayer CropScience AG,
Monheim am Rhein: S. 14 – 21
Fotographie Danetzki-Weidner,
Bonn: S. 5 – 7
Ikea Deutschland GmbH,
Hofheim-Wallau: S. 8
Leicht GmbH, Schwäbisch Gmünd:
S. 4, 11
Prof. Dr. Wolfgang Stein, Gießen:
S. 9 oben, Mitte
Prof. Dr. Strümpel, Hamburg:
S. 9 unten

Redaktion:
Heike Rapp, aid

Grafik:
Welzel + Hardt GmbH
Herseler Straße 7 – 9
50389 Wesseling

Druck:
Moeker Merkur Druck
Niehler Gürtel 102
50733 Köln

8., überarbeitete Auflage

ISBN 978-3-8308-0903-6

Inhalt

Einleitung

Seit die Menschen begannen, Vorräte anzulegen und Hauswirtschaft zu betreiben, kam es immer wieder zu Ärger mit kleinen oder großen Tieren. Der Begriff „Schädling“ ist durch die Sicht der Menschen geprägt. Tiere, die dem Menschen Schaden zufügen, werden als Schädling bezeichnet. Die Bezeichnung „Vorratsschädlinge“ fasst solche Tiere zusammen, die Vorräte und Nahrungsmittel befallen. In Entwicklungsländern stellen diese Tiere echte Nahrungskonkurrenten der Menschen dar. Bei uns werden sie vor allem als abstoßend und ekelerregend empfunden. Da sie jedoch Schmutz, Mikroorganismen und Pilzsporen auf die Lebensmittel übertragen können, gilt es auch hierzulande, Vorräte richtig zu lagern und regelmäßig auf Schädlinge zu überprüfen.

Der Haushalt als Lebensraum für Schädlinge

Unsere Lebensweise erleichtert es einer Reihe von Schädlingen, in die Haushalte einzudringen und dort zu überleben. Geheizte Wohnungen, feuchtwarme Räume wie Küche und Bad, fest installierte Einbauschränke, Herde und Kühlschränke sowie Decken- und Wandverkleidungen bieten Schädlingen hervorragende Lebensräume.

Bauliche Mängel wie Ritzen an Fenstern und Türen, Risse in den Wänden, schadhafte Kellerfenster oder auch Versorgungsschächte und Leitungen ermöglichen den Schädlingen ein leichtes Eindringen in den Haushalt.

In großer Menge und oft unachtsam in Tüten oder unter falschen Bedingungen gelagerte Lebensmittel sowie nicht zum Verzehr gedachte Naturprodukte (wie Salzteigschmuck) können Schädlingen willkommene Lebensgrundlagen bieten. Offen herumstehende Lebensmittel, Speisereste oder Tierfutter, selten geleerte Abfalleimer oder offen stehende Müllcontainer und Komposter neigen dazu, Schädlinge anzulocken.

Die wichtigste Vorbeugung vor einem Schädlingsbefall ist es daher, das Eindringen der Schädlinge zu unterbinden, die Lebensmittel bei optimalen Bedingungen in geschlossenen Behältern zu lagern, Lebensmittelreste sofort aufzuräumen und Krümel oder angetrocknete Saftspuren und Ähnliches schnell zu beseitigen.

Wie gelangen Vorratsschädlinge in Lebensmittel?

Die meisten Vorratsschädlinge werden von außen in den Haushalt eingeschleppt. Dies kann in jedem Haushalt vorkommen. In den letzten Jahren hat der Befall mit Vorratsschädlingen zugenommen, da die Lebensmittel immer häufiger von weit her transportiert werden und die Transportgeschwindigkeit enorm zugenommen hat.

Die Ware gelangt frischer zu uns, aber auch die Schädlinge können solch kurze Transportzeiten leichter überleben als einen wochenlangen Transport. Die Schädlinge können also bereits beim Einkauf in den Lebensmitteln enthalten sein. Neue Ware sollte daher auf Schädlingsbefall hin untersucht werden. Ein Befall ist jedoch nicht immer erkennbar. Angefressene Verpackungen können ein Hinweis sein. Solche Ware sollte nicht eingekauft werden. Auch Ritzen und Falten in Verpackungen können Verstecke für Vorratsschädlinge darstellen. Diesen Falten ist beim Einkauf ein besonderes Augenmerk zu widmen.

Transportkisten und Kartonagen von Lebensmitteln können ebenfalls Schädlinge beherbergen. Werden solche Kisten und Kartons im Geschäft wiederum zum Transport des Einkaufes verwendet, sollten sie zuvor sorgfältig inspiziert werden. Darüber hinaus können der Geruch von Lebensmitteln und Abfällen oder Lichtquellen Schädlinge anziehen. Dem kann vorgebeugt werden durch

- das Verpacken der Lebensmittel in Gläser oder Büchsen,
- die Nutzung dichter Abfallbehälter, welche häufig geleert werden,
- das Ausschalten des Lichtes beim Lüften oder
- die Nutzung von Fliegengittern.

Welche Lebensmittel sind gefährdet?

Außer Salz, Zucker und reinen Fetten können praktisch alle Lebensmittel von Schädlingen befallen werden. Die meisten Schädlinge können sich von einer breiten Palette verschiedener Lebensmittel ernähren, nur wenige sind auf bestimmte Produkte spezialisiert.

Besonders häufig werden Getreide und Getreideprodukte von Insekten befallen. Sie sind vor allem dann gefährdet, wenn sie bei hoher Luftfeuchtigkeit und warmen Temperaturen lagern. Als weitere gefährdete Produkte gelten Backzutaten wie Nüsse, Mandeln, Rosinen, Korinthen und Trockenobst. Sie werden nur selten benötigt und lagern oft in angebrochenen Tüten im Vorratsschrank. Werden sie von Schädlingen befallen, so können sich diese oft unbemerkt entwickeln.

Werden Kuvertüre- oder Schokoladenerzeugnisse längere Zeit gelagert, so können auch sie der Ernährung von Schädlingen dienen.

Gewürze stellen eine Produktgruppe dar, welche ebenfalls gerne von Schädlingen besiedelt wird. Oft werden diese Produkte bereits zusammen mit den Schädlingen eingekauft, beispielsweise im Urlaub lose auf dem Markt. Da sie nur in kleinen Mengen verbraucht werden, lagern sie häufig lange Zeit im Vorratsschrank. Wie bei den Backzutaten können sich die Schädlinge dann ungestört entwickeln und vermehren.

Hülsenfrüchte sind im allgemeinen wenig gefährdet, Vorsicht geboten ist jedoch bei lose angebotenen Importwaren.

Tierische Lebensmittel sind durch die hierzulande üblichen Praktiken wie Kühlen und Gefrieren kaum durch Schädlinge gefährdet. Werden beispielsweise Räucherwaren in der Speisekammer oder im Keller über längere Zeit aufbewahrt, so muss dies bei kühlen Temperaturen erfolgen, die Fenster sollten mit Fliegengittern gegen das Eindringen von Schädlingen abgedichtet werden.

Welche Schäden entstehen durch Vorratsschädlinge?

Die in Lebensmitteln auftretenden Vorratsschädlinge ernähren sich von den Lebensmitteln selbst. Sie verursachen also Fraßschäden. Darüber hinaus werden die Lebensmittel durch ihr Auftreten verschmutzt. Die Tiere hinterlassen Häutungsreste, Kot, Spinnfäden, bei Nagetieren auch Haare sowie tote Tiere. Solche Reste, insbesondere von Insekten und Milben, können Hautreizungen und -erkrankungen, Allergien der Atmungsorgane, Bindehautentzündungen und Darmerkrankungen auslösen. Befallene Lebensmittel dürfen deshalb nicht mehr verzehrt werden, sie sollten auch nicht an Haustiere verfüttert werden.

Darüber hinaus können durch die Ausscheidungen der Tiere auch der Geruch und der Geschmack der Lebensmittel verändert sein, so dass sie ohnehin nicht mehr genießbar wären. Auch wichtige Qualitätsmerkmale wie Inhaltsstoffe, Keim- oder Backfähigkeit können bei Schädlingsbefall verändert sein, womit die Waren nicht mehr verwertbar sind.

Weiterhin können die Vorratsschädlinge Mikroorganismen, zum Beispiel Bakterien, Viren, Pilzsporen und parasitäre Würmer auf die Lebensmittel übertragen. Diese können das Lebensmittel weiter verderben oder bei einem eventuellen Verzehr Krankheiten auslösen. Die Larven einiger Vorratsschädlinge können auch Schäden an den Möbeln anrichten, indem sie sich in Schrankbretter oder -wände einbohren, um sich dort zu verpuppen.

Wie erkennt man Schädlingsbefall?

Vorratsschädlinge sind meist sehr klein, oft auch lichtscheu und leben versteckt. Sie werden daher meistens zufällig oder bei einer genauen Vorratskontrolle entdeckt.

Die Vorratsschränke und -regale, Leisten, Ritzen zwischen Dielenschränken oder Hohlräume zwischen und unter Einbauschränken und Elektrogeräten sollten regelmäßig gezielt auf Schädlinge hin kontrolliert werden. Werden bei einer solchen Kontrolle Häutungsreste, versponnene Puppen, Raupen oder gar erwachsene Schädlinge gefunden, so muss intensiv nach ihrem Hauptbefallsort gesucht werden. Bereits beim Einkauf sollten Verpackungen besonders an Ecken, Kanten und Falten auf Fraßschäden und Beschädigungen hin untersucht werden. Beschädigte Verpackungen sollten nicht ausgewählt werden.

Beim Öffnen von Verpackungen sollte die Ware genau begutachtet werden, ob eventuell Schädlinge bei Lichteinfall schnell in tiefere Schichten eindringen, ob sich an den äußeren Schichten der Ware Raupen erkennen lassen oder ob die Ware an der Oberfläche und der Innenseite der Verpackung Spinnfäden enthält.

Bei Mehl oder Grieß können Schädlinge durch Sieben des Lebensmittels mit einem feinen Sieb entdeckt werden. Das Ausschütten von Lebensmitteln auf helle Unterlagen kann das Erkennen von eventuell vorhandenen Schädlingen ebenfalls erleichtern.

Kornkäfer

Dörrobstmotte

Speisebohnenkäfer

Wie schützt man Vorräte vor Schädlingen?

- Vorräte sollten stets möglichst kühl und trocken gelagert werden. Die Vorratsräume und -schränke müssen regelmäßig gereinigt werden, um Staub, Fett und Krümel zu beseitigen. Ritzen und anderen möglichen Verstecken für Vorratsschädlinge ist dabei besondere Aufmerksamkeit zu widmen.

- Da die Verpackungen der Lebensmittel aus Papier oder Folie keinen ausreichenden Schutz vor Vorratsschädlingen bieten, ist das Umfüllen der Vorräte in dicht schließende Behälter aus Glas, Metall oder lebensmittelgeeigneten Kunststoff zu empfehlen.

- Wird Getreide in größeren Mengen gelagert, so muss auf einen möglichst geringen Feuchtigkeitsgehalt geachtet werden. Es ist zudem kühl zu lagern und regelmäßig zu belüften bzw. umzuschütteln. Mehl sollte nur kurze Zeit gelagert und zügig aufgebraucht werden.

- Neu eingekaufte Produkte sollten genau kontrolliert und nach dem Umfüllen in geeignete Behälter hinten im Vorratsschrank eingeordnet werden. Auf dem Behälter sollte das Mindesthaltbarkeitsdatum vermerkt werden. Die Vorräte müssen regelmäßig überprüft werden.

- Vorratsräume sind regelmäßig zu lüften, um die Luftfeuchtigkeit zu senken. Beim Lüften sollten alle Lampen ausgeschaltet oder die Fenster mit Fliegendraht gegen Schädlinge abgedichtet werden.

- Abfälle sind regelmäßig aus dem Haus zu entfernen. Sie locken durch ihren Geruch Schädlinge an. Die Abfallbehälter sind außerdem regelmäßig zu reinigen.

- Tierfutternäpfe sollten ebenfalls regelmäßig gereinigt werden und nicht ständig gefüllt in der Wohnung stehen, da gerade Tierfutter vielen Schädlingen eine gute Nahrungsquelle bietet.

- Auf der Terrasse verschütteter Saft oder verlaufenes Eis sollte sofort beseitigt werden, da solche Reste Ameisen oder andere Schädlinge anlocken können.

- Vogelnester am Haus oder in Hausnähe sollten nach dem Ausflug der Brut entfernt oder gesäubert werden, weil sich in den Nestern Schädlinge entwickeln können.

- Das Auslegen bestimmter Pflanzenteile (Farnkraut, Lavendelblüten, Lavendelöl, Zitronensaft, Wacholderblätter, Walnussblätter) mit abschreckenden Geruchsstoffen, das Aufhängen von Fliegenfängern (Leimfahnen für Insekten) und die Benutzung von UV-Lampen in geschlossenen Räumen sowie das Aufstellen von Mausefallen können ebenfalls dem Vorbeugen vor Schädlingsbefall dienen.

Wie bekämpft man Vorratsschädlinge im Haushalt?

Beim Auftreten von Vorratsschädlingen im Haushalt sollten zunächst die befallenen Lebensmittel aus dem Vorratsschrank oder der Vorratskammer entfernt werden. Damit von der befallenen Ware aus kein weiterer Befall ausgehen kann, sollten die Schädlinge abgetötet werden. Die Abtötung erfolgt durch das Einfrieren der Lebensmittel im Gefriergerät, Erhitzung auf mindestens 80 °C im Backofen oder das Übergießen mit kochendem Wasser.

Anschließend sollten die Schränke entleert und alle darin enthaltenen Waren sowie die Schrankbretter und -wände genauestens auf Schädlinge hin untersucht werden. Die Schränke und Räume sollten dann gründlich und sorgfältig gereinigt werden. Alle Ritzen und sonstigen Verstecke für Vorratsschädlinge lassen sich gut mit dem Staubsauger säubern. Den Staubsaugerbeutel anschließend entsorgen. Diese Maßnahmen reichen in den meisten Fällen aus, um die Vorratsschädlinge aus der Wohnung zu entfernen.

Chemische Bekämpfungsmittel dürfen nicht unkontrolliert angewendet werden. Die für den Haushalt angebotenen Produkte enthalten oft Kombinationen aus verschiedenen Wirkstoffen. Sie können vielfältige und nicht abschätzbare Wirkungen auslösen. Auch ist ihre Wirkung nicht tierartspezifisch, ihre Anwendung widerspricht daher dem Grundsatz, chemische Bekämpfungsmittel nur gezielt anzuwenden. Sie können auch für den Menschen gefährlich sein. Auf keinen Fall verwendet werden sollten Elektroverdampfer, Räucherwaren oder Vernebler, da diese Verfahren ebenfalls keine gezielte und sparsame Ausbringung des Wirkstoffes ermöglichen. Bei der Anwendung von chemischen Bekämpfungsmitteln in dunklen Räumen ist zudem zu beachten, dass die Wirkstoffe nur sehr langsam abgebaut werden, wenn kein Sonnenlicht eindringt. Werden Verdampfungs-, Nebel- oder Sprühmittel mit Langzeitwirkung angewandt, so können diese Mittel von den Wänden und den Möbeln aufgenommen werden. Der Wirkstoff wird dann in den folgenden Wochen wieder an die Oberfläche abgeschieden und in die Innenraumluft freigesetzt. Solche Produkte sollten von Laien keinesfalls verwendet werden. Die Werbung für chemische Bekämpfungsmittel verharmlost diese Mittel oft. Im Regelfall sind sie beim Auftreten von Vorratsschädlingen nicht erforderlich.

Bei einigen Schädlingen können auch Köderdosen ausgelegt werden. Diese Köderdosen sind sehr effektiv, da der Köder auch an den Nachwuchs verfüttert wird. Eine Reihe von Ködermitteln enthalten sogar ungiftige, aber dennoch wirksame Substanzen. Im Handel werden zur Bekämpfung von Lebensmittelmotten Lockstofffallen (Klebefallen) angeboten. Diese enthalten Lockduftstoffe, so genannte Pheromone, die geschlechtsreife Männchen anlocken. Diese Fallen dienen vor allem der Befallserkennung, können aber auch eine Befallsverminderung bewirken.

Sollten im Haushalt bestimmte, schwierig zu bekämpfende Schädlinge wie Schaben oder Ratten und Mäuse auftreten, so sollte ein Fachmann mit der Bekämpfung beauftragt werden. Der geprüfte Schädlingsbekämpfer ist seit 1995 ein anerkanntes Berufsbild in Deutschland. Die Qualifikation und Sachkunde für diesen Beruf muss vor einem Prüfungsausschuss der Industrie- und Handelskammer abgelegt werden. Qualifizierte Schädlingsbekämpfer sind in der Regel Verbandsmitglied beim Verband der Deutschen Schädlingsbekämpfer. Dieser Verband, das örtlich zuständige Gewerbeaufsichtsamt oder die Umweltberatung der Verbraucherzentralen können bei der Auswahl einer geeigneten Firma behilflich sein. Eine solche Fachfirma sollte keine Ferndiagnose und kein Angebot nach Kubikmetergröße vorlegen, sondern zunächst eine ausführliche Beratung anbieten. Im Verlauf der Beratung sollte festgestellt werden, um welchen Schädling es sich handelt und wo seine Verstecke im Haushalt liegen. Erst dann kann eine Bekämpfungs- und Kontrollstrategie festgelegt werden. Da für Schädlingsbekämpfungsunternehmen keine einheitliche Gebührenordnung besteht, sollten mehrere Angebote unterschiedlicher Firmen eingeholt werden, wobei diese genau auf die angebotene Leistung hin überprüft werden müssen.

Viele Fachfirmen bieten auch ungiftige Bekämpfungsmethoden, zum Beispiel die so genannte Heißentwesung durch heißen Dampf, an. Ist eine chemische Bekämpfung der Schädlinge erforderlich, so ist auch die Mithilfe der Haushaltsmitglieder von großer Bedeutung. Vor der Anwendung chemischer Bekämpfungsmittel sollte eine gründliche Reinigung des Haushaltes erfolgen. Wichtig ist besonders die Entfernung von Staub, denn wo Wirkstoff ausgebracht wird, wird auch Staub verwirbelt und verteilt. Die Reinigung sorgt daher für eine Verringerung der Belastung in der Atemluft. Lebensmittel, Kleidungs- und Bedarfsgegenstände sollten während der Behandlung entfernt werden. Behandelte Räumlichkeiten sollten im Anschluss an die Behandlung gründlich gelüftet und wiederum gereinigt werden. Diese Maßnahmen sind in Absprache mit der Fachfirma durchzuführen.

Wichtige Vorratsschädlinge in Wort und Bild

Erfahrungsgemäß treten in der Küche und im häuslichen Vorratslager immer wieder dieselben Schädlinge auf. Diese kleine Gruppe soll nachfolgend näher beschrieben werden. Eine Übersicht und farbige Abbildungen erleichtern eine schnelle Bestimmung.

MILBEN

(vor allem Mehl- und Backobstmilbe)

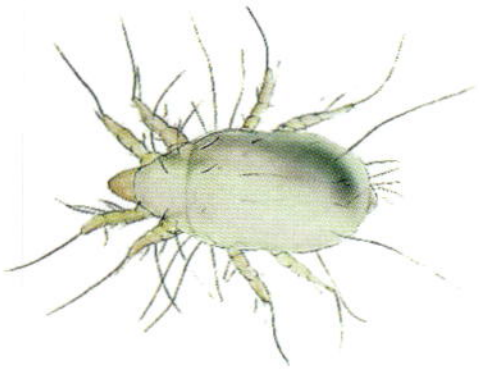

Aussehen und Eigenschaften: Oval bis länglich-oval, bis 0,5 mm groß, grau bis weißlich mit rötlichen Beinen und rötlicher Kopfregion, 8 Beine.

Vorkommen, typischerweise befallene Lebensmittel oder Materialien:
Mehlmilbe: vor allem Mehl, Müsli, Getreide, aber auch andere trockene, pflanzliche Lebensmittel.
Backobstmilbe: zuckerhaltige Produkte (Marmelade, Trockenobst). Milben gedeihen am besten bei Wärme, feuchten oder feucht gewordenen Lebensmitteln.

Schaden, Erkennen eines Befalls: Unangenehm süßlicher Geruch und bitterer Geschmack der Produkte; Verunreinigung der Lebensmittel; Beeinträchtigung der Backfähigkeit von Mehl; Gesundheitsschäden (Jucken, Hautausschlag, Allergie, Kopfschmerzen, Darmerkrankungen); bei Massenvorkommen helle Staubschicht auf den Produkten; bei Befall erscheint die Oberfläche von Mehl nach einiger Zeit rauh, ggf. laufen Milben am Behälter hoch.

Bekämpfung: Vernichten des Lebensmittels; Abtöten der Milben durch Erhitzen (bei 80 °C) oder Gefrieren. Befallene Lebensmittel nicht an Tiere verfüttern. Vorratsschrank gründlich reinigen und austrocknen; Herabsetzen der Luftfeuchtigkeit.

Vorbeugung: Neue Vorräte in verschließbaren Gefäßen lagern.

STAUB- ODER BÜCHERLÄUSE

Aussehen und Eigenschaften: Bis 1,5 mm groß, gelblich bis braun, laufen sehr schnell, mit kurzen Sprüngen.

Vorkommen, typischerweise befallene Lebensmittel oder Materialien: Schimmelfresser; alte Polstermöbel, feuchte Wohnungen und Büchereien u.Ä.; aber auch Getreide, Getreideprodukte und Teigwaren.

Schaden, Erkennen eines Befalls: Fraßschäden an Nahrungsmitteln, Büchern, Tapeten; Verschmutzung durch Kot und Häutungsreste.

Bekämpfung: Befallenes Material austrocknen.

Vorbeugung: Räume durch richtiges Heizen und Lüften trocken halten, Lebensmittel in geschlossenen Behältern aufbewahren.

SPECKKÄFER

Aussehen und Eigenschaften: Larve bis zu 13 mm lang, länglich, stark behaart. Käfer etwa 8 – 11 mm groß. Helle Haarbinden auf den Flügeln. Grundfarbe braunschwarz.

Vorkommen, typischerweise befallene Lebensmittel oder Materialien: Produkte tierischer Herkunft, wie Fleisch, Wurst, Speck u.Ä.; Materialschädling an Fellen, Häuten usw.

Schaden, Erkennen eines Befalls: Fraßschäden an Lebensmitteln; Lochfraß an Textilien; Gesundheitsschäden durch Haare der Larven (Allergien, Darmerkrankungen). Erkennbar durch Käfer, die innen am Fenster sitzen, um ins Freie zu gelangen, sowie an den leeren behaarten Larvenhäutchen in befallenen Produkten.

Bekämpfung: Befallene Lebensmittel sofort entfernen und vernichten. Den Vorratsraum oder Vorratsschrank gründlich aussaugen, anschließend feucht auswischen und gut trocknen lassen.

Vorbeugung: Lebensmittel kühl und gut abgeschlossen lagern; gefährdete Materialien regelmäßig auf Befall untersuchen; Wohnung häufig lüften.

GETREIDEPLATTKÄFER

Aussehen und Eigenschaften: Larven gelblich, glänzend, bis 4 mm, schlank. Käfer braun, flach und schlank, bis 3 mm.

Vorkommen, typischerweise befallene Lebensmittel oder Materialien: Getreideprodukte, Teigwaren, Nüsse, Mandeln, Heilkräuter, Kräuter, Schokolade, vor allem kohlenhydratreiche Produkte; können Verpackungen aufnagen; einer der häufigsten Schädlinge im Haus.

Schaden, Erkennen eines Befalls: Fraßschäden an Lebensmitteln durch Larve und Käfer; Getreide wird feucht und klumpig; die Backfähigkeit von Mehl wird vermindert.

Bekämpfung: Befallene Lebensmittel für etwa 10 Tage einfrieren oder für 1 Stunde auf 80 °C im Backofen erhitzen, dann wegwerfen.

Vorbeugung: Vorräte in fest verschließbaren Gefäßen lagern, um den Befall zu vermeiden. Lagerung unter 20 °C hemmt die Käferentwicklung.

BROTKÄFER

Aussehen und Eigenschaften: Larve gekrümmt, gelblich weiß, bis 5 mm lang, verpuppen sich in einem Kokon. Käfer 2 – 3 mm, rötlich-braun, kurz behaart, Entwicklung in einer kleinen Fraßhöhle.

Vorkommen, typischerweise befallene Lebensmittel oder Materialien: Brot, Brötchen, Dauerbackwaren, Suppenwürfel, Gewürze, Schokolade, Hülsenfrüchte, alle getreidehaltigen Produkte (auch Salzteiggebäck) sowie zahlreiche andere Lebensmittel; Tiernahrung, wie Hundekuchen u.Ä; kommt im Freien vor (Nester); fliegt sehr gut und dringt so in die Häuser ein, Lichtquellen ziehen ihn besonders an; er gehört zu den häufigsten Schädlingen.

Schaden, Erkennen eines Befalls: Etwa Stecknadelkopfgröße, runde Löcher in Produkten, Fraßschäden der Larve.

Bekämpfung: Befallene Lebensmittel einfrieren oder auf 80 °C im Backofen erhitzen, dann wegwerfen.

Vorbeugung: Vorräte in fest verschließbaren Behältern lagern, um Befall zu vermeiden. Lagerung unter 16 °C hemmt die Käferentwicklung.

REISMEHLKÄFER

Aussehen und Eigenschaften: Weißlich gelbliche Larven, bis 6 mm. Käfer schmal, rotbraun, 3 – 4 mm.

Vorkommen, typischerweise befallene Lebensmittel oder Materialien: Sehr viele pflanzliche Produkte wie Getreide, Getreideprodukte, Mehl, Reis, Nüsse, Trockenobst und Tierfutter.

Schaden, Erkennen eines Befalls: Fraßschäden; muffiger Geruch; Verunreinigung der Waren; Larvenhäute an der Oberfläche; Beeinträchtigung der Backfähigkeit von Mehl.

Bekämpfung: Befallene Lebensmittel einfrieren oder auf 80 °C im Backofen erhitzen, dann wegwerfen.

Vorbeugung: Vorräte in fest verschließbaren Gefäßen lagern, um Befall zu vermeiden. Lagerung unter 15 °C hemmt die Käferentwicklung.

MEHLKÄFER

- **Aussehen und Eigenschaften:** Larven gelblich braun, bis 20 mm. Käfer schwarz braun, bis 18 mm.
- **Vorkommen, typischerweise befallene Lebensmittel oder Materialien:** Vor allem Mehl und Getreideprodukte, Teig- und Backwaren.
- **Schaden, Erkennen eines Befalls:** Fraßschäden; Mehl wird klumpig und riecht muffig; Verunreinigung der Waren. Die Larven des Mehlkäfers können auch Löcher in Holz, Bretter und Balken bohren. Mehlkäfer können außerdem parasitäre Würmer übertragen.
- **Bekämpfung:** Selten erforderlich, da die Tiere wegen ihrer Größe schnell auffallen und wegen ihrer langsamen Entwicklung nicht zur Massenvermehrung neigen; Mehl mehrmals absieben; befallene Lebensmittel im Backofen auf 80 °C erhitzen oder einfrieren, dann wegwerfen.
- **Vorbeugung:** Mehl zügig verbrauchen, Vollkornmehl eventuell einfrieren.

SPEISEBOHNENKÄFER

- **Aussehen und Eigenschaften:** Larven weißlich, gekrümmt und ohne Beine, im Innern von Hülsenfrüchten lebend, bis 4 mm lang. Käfer bis 3 mm groß, gelbgrün mit hellgrauen Flecken, verkürzte Flügel.
- **Vorkommen, typischerweise befallene Lebensmittel oder Materialien:** Bohnen und andere Hülsenfrüchte (Erbsen, Sojabohnen); kann eventuell mit ausländischen Hülsenfrüchten (Sojabohnen, Kichererbsen) eingeschleppt werden.
- **Schaden, Erkennen eines Befalls:** Fraßhöhle im Innern der Samen durch die Larven; kreisrunde Löcher von etwa 1 mm Durchmesser; Beeinträchtigung des Aussehens; Käfer fressen nicht mehr.
- **Bekämpfung:** Larven im Innern der Bohnen können durch Erhitzen auf 80 °C im Backofen oder Einfrieren abgetötet werden; Lebensmittel anschließend wegwerfen.
- **Vorbeugung:** Lebensmittel in fest verschließbaren Gefäßen aufbewahren.

KORNKÄFER

- **Aussehen und Eigenschaften:** Larven weißlich, gekrümmt, ohne Beine, bis 2,5 mm lang, entwickeln sich im Innern von Getreidekörnern. Käfer hell- bis schwarzbraun, 4 – 5 mm, mit Rüssel, flugunfähig.
- **Vorkommen, typischerweise befallene Lebensmittel oder Materialien:** Getreide und Teigwaren; Käfer frisst auch an anderen pflanzlichen Produkten.
- **Schaden, Erkennen eines Befalls:** Eiablage in Körnern und Teigwaren; Larven fressen die Körner aus; erwachsene Käfer dringen durch Bohrlöcher nach außen und befressen Körner; Backqualität beeinträchtigt. Bei stärkerem Befall wird das Getreide feucht und kann verschimmeln.
- **Bekämpfung:** Larven im Innern der Körner können durch Erhitzen im Backofen auf 60 – 80 °C oder Einfrieren abgetötet werden; Lebensmittel dann wegwerfen.
- **Vorbeugung:** Getreide kühl (bei circa 12 °C) aufbewahren. Nur Getreide mit einer Restfeuchte von maximal 12 – 14 % einlagern. Getreide regelmäßig belüften und umfüllen.

MEHLMOTTE

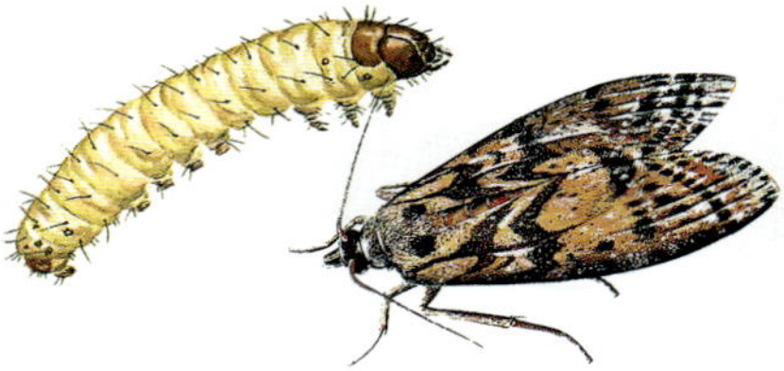

- **Aussehen und Eigenschaften:** Larve eine typische Schmetterlingsraupe, bis 13 mm lang, gelblich-weiß, rötlich oder grünlich. Vorderflügel der Falter grau mit dunklen, gezackten Querbinden, Hinterflügel gelblich, Spannweite bis 25 mm.
- **Vorkommen, typischerweise befallene Lebensmittel oder Materialien:** Weizenmehl und Getreideprodukte, aber auch in vielen anderen Lebensmitteln wie Mandeln, Nüsse, Schokolade und Hülsenfrüchte.
- **Schaden, Erkennen eines Befalls:** Fraß der Raupen; Verunreinigung durch Ausbildung von Gespinsten aus Fäden und Kot; dichter Kokon an der Oberfläche der Nahrung oder in deren Umgebung; Flug in der Dämmerung; Gesundheitsschäden durch Flügelschuppen.
- **Bekämpfung:** Schränke gründlich aussaugen, feucht nachreinigen, gut trocknen lassen; befallene Vorräte im Backofen auf 80 °C erhitzen oder einfrieren und dann wegwerfen.
- **Vorbeugung:** Lebensmittel in fest verschließbaren Gefäßen aufbewahren, um Befall zu vermeiden.

DÖRROBSTMOTTE

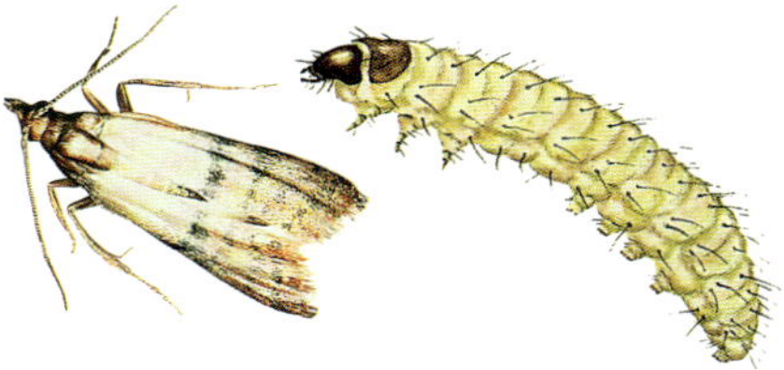

Aussehen und Eigenschaften: Raupe bis 17 mm, gelblich weiss, rötlich oder grünlich. Vorderflügel der Falter innen silbergrau, außen mit typischer rötlicher bis bronzefarbiger Binde.

Vorkommen, typischerweise befallene Lebensmittel oder Materialien: Pflanzliche Lebensmittel; vor allem Getreide und Getreideprodukte, Sojabohnen, Hülsenfrüchte, Wacholderbeeren, Nüsse, Mandeln, Trockenobst und Schokolade; ist ein besonders häufiger Süßwarenschädling.

Schaden, Erkennen eines Befalls: Fraßschäden; starke Verunreinigung durch Gespinste und Kotkrümel; Larven können im gesponnenen Kokon monatelang ohne Weiterentwicklung ruhen; plötzlich treten dann Falter in der Wohnung auf; Larven kriechen auf der Suche nach Verpuppungsorten oft an Wänden und Decken umher.

Bekämpfung: Schränke gründlich aussaugen, feucht nachreinigen, gut trocknen lassen; befallene Vorräte im Backofen auf 80 °C erhitzen oder einfrieren und dann wegwerfen.

Vorbeugung: Lebensmittel in fest verschließbaren Gefäßen aufbewahren, um Befall zu vermeiden. Lagerung unter 18 °C hemmt die Entwicklung.

AMEISE (Wegameise)

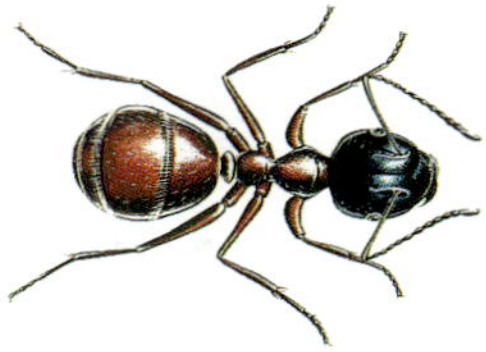

Aussehen und Eigenschaften: 4 mm lang, gelblich braun bis schwarzbraun. Die in Vorräten vorkommenden Tiere sind meist flügellos. Seltener gibt es in Häusern Nester, dann treten auch geflügelte Formen auf.

Vorkommen, typischerweise befallene Lebensmittel oder Materialien: Unverschlossene Lebensmittel, vor allem zuckerhaltige Produkte (Marmelade, Schokolade).

Schaden, Erkennen eines Befalls: Fraßschäden. Verunreinigung der Nahrung durch festklebende Tiere.

Bekämpfung: Ameisen leben normalerweise in Nestern im Freiland und wandern besonders im Frühjahr auf bestimmten Straßen in ebenerdig liegende Wohnungen ein. Diese Straßen können leicht ausgemacht werden. Nach gründlicher Reinigung werden diese Wege nicht wiedergefunden. Es können auch Köderdosen mit ungiftigen Wirkstoffen, z.B. Backpulver, aufgestellt werden. Diese Wirkstoffe werden von den Ameisen an die Brut verfüttert.

Vorbeugung: Ritzen abdichten, um das Eindringen der Ameisen zu verhindern; auf Terrassen und hausnahen Plätzen verschüttete Lebensmittel und Lebensmittelreste sofort beseitigen, so dass keine Ameisen angelockt werden.

FLIEGEN (Fleischfliegen, Goldfliegen, Schmeißfliegen, Stubenfliegen)

Aussehen und Eigenschaften: Eier gelblich-weiß, länglich. Larven sind weißliche Maden, bis 10 mm lang. Erwachsene Tiere sind die typischen Fliegen; gescheckt, goldgrün, oder dunkelblau bis schwarz, Augen rot.

Vorkommen, typischerweise befallene Lebensmittel oder Materialien: Fleisch, Fleischwaren, Fisch, Käse sowie in Zersetzung befindliche organische Substanzen; kommen im Freiland an Aas und Exkrementen vor; Eiablage in Klumpen, meist versteckt in Vertiefungen der Lebensmittel; Larven können kurz nach der Eiablage schlüpfen und sich sofort einbohren; Befall bleibt deshalb oft unbemerkt.

Schaden, Erkennen eines Befalls: Fraßschäden; durch wechselnden Aufenthalt an Aas, Exkrementen und Lebensmitteln ist eine Keimübertragung durch Fliegen leicht möglich; Belästigung, insbesondere durch massenhafte Vermehrung bei geeigneten Temperaturen.

Bekämpfung: Lebensmittel nicht unverpackt liegen lassen; Fenster mit Gazerahmen versehen; Leimstreifen aufhängen, in geschlossenen Räumen evtl. Fliegenfänger, UV-Lampen mit Klebefolie aufstellen.

Vorbeugung: Räume häufig lüften, gelegentlich Durchzug herstellen, Reste regelmäßig wegräumen, Kompost und Biotonnen entfernt vom Haus aufstellen.

ESSIG- ODER TAUFLIEGEN

Aussehen und Eigenschaften: Larve: kopf- und fußlose Made, 5 – 6 mm lang; erwachsene Tiere 2 – 4 mm lang, dunkelbraun oder gelbbraun, Augen rot, Hinterleib mit schwarzen Ringen.

Vorkommen, typischerweise befallene Lebensmittel oder Materialien: Obst und Gemüse, Essig, Bier und Wein, besonders an bereits gärenden Produkten.

Schaden, Erkennen eines Befalls: Verunreinigung von Lebensmitteln; Übertragung von Mikroorganismen. Belästigung durch schnelle Vermehrung der Fliegen. Treten häufig in Schwärmen auf.

Bekämpfung: Sauberkeit; fauliges Obst und gärendes Gemüse sofort wegwerfen, Abfälle regelmäßig beseitigen. Als Falle ein Glas aufstellen mit 3 Teilen Fruchtsaft, 1 Teil Essig, 2 Teilen Wasser und einem Tropfen Spülmittel.

Vorbeugung: Kein fauliges Obst oder gärendes Gemüse offen lagern, Gefäße mit zubereitetem Obst und Gemüse geschlossen halten.

SCHABEN (Küchenschabe, Deutsche Schabe, Amerikanische Schabe)

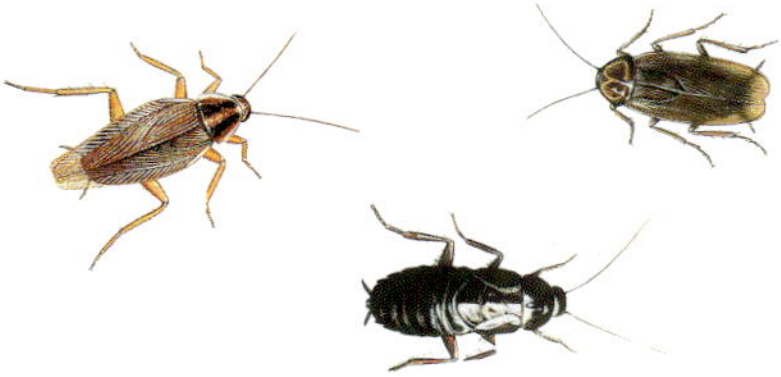

Aussehen und Eigenschaften: Deutsche Schabe: 11 – 14 mm, Küchenschabe: Männchen bis 23 mm, Weibchen bis 28 mm; Deutsche Schabe lehmgelb bis braun, Küchenschabe kastanienbraun bis lackschwarz; legt keine Einzeleier, sondern Eipakete; Eikapsel: Deutsche Schabe hellbraun, 6 – 8 mm deutlich gekammert, Küchenschabe dunkelbraun bis schwarz, 10 – 11 mm, erhobene Seitennaht.

Vorkommen, typischerweise befallene Lebensmittel oder Materialien: Vor allem saftreiche, weiche pflanzliche Produkte, frische Gemüse und gekochte Produkte, Fleisch, aber auch Abfälle, Aas und andere Produkte tierischer Herkunft; weiche faulende Materialien (Gewebe, Leder, Papier).

Schaden, Erkennen eines Befalls: Übler Geruch (Ausscheidungen durch Stinkdrüsen); Fraßschäden an Vorräten und verschiedenen Materialien; Verunreinigungen; Schabenstraßen; Übertragung von Mikroorganismen; Auslösen von Allergien.

Bekämpfung: Durch einen sachverständigen Schädlingsbekämpfer, da die Tiere sehr verborgen leben, tagsüber schwer zu entdecken sind, erst in der Dämmerung aktiv werden und meist im ganzen Haus vorkommen.

Vorbeugung: Ritzen und Fugen abdichten; keine unverschlossenen Lebensmittel herumstehen lassen; alle Räumlichkeiten regelmäßig saugen und wischen, um Krümel sowie Fett- und Zuckerfilme zu entfernen.

RATTEN UND MÄUSE

Aussehen und Eigenschaften: Wanderratte 18 – 25 cm, Kot etwa 2 cm lang, 4 – 5 mm Durchmesser, eine Seite spitz ausgezogen. Hausmaus 7 – 11 cm, Kot etwa 3 – 6 mm lang und 2 – 3 mm Durchmesser. Ratten sind misstrauisch, Mäuse neugierig.

Vorkommen, typischerweise befallene Lebensmittel oder Materialien: Lebensmittel aller Art

Schaden, Erkennen eines Befalls: Fraßschäden; Verunreinigung durch Kot, Urin und Haare; Übertragung von Krankheitserregern; Materialschäden.

Bekämpfung: Mausefalle, bei starkem Befall sollte ein sachverständiger Schädlingsbekämpfer beauftragt werden; bei Ratten ist in jedem Fall ein Sachverständiger zu Rate zu ziehen.

Vorbeugung: Bauliche Mängel, z. B. schadhafte Kellerfenster, beseitigen. Müllcontainer weit entfernt vom Haus aufstellen und stets schließen; keine Küchenabfälle auf den Kompost werfen. Die Winterfütterung der Vögel kann ebenfalls ein Anziehungspunkt für Ratten und Mäuse sein, da besonders Futtermischungen oft Samen und Körner enthalten, die von den Vögeln nicht gefressen werden. Diese dienen dann anderen Tieren als Futter.

Tipps in Kürze

- Bauliche Mängel beseitigen, Ritzen und Risse abdichten.
- Wohnung nicht überheizen, speziell Räume, in denen Vorräte gelagert werden, kühl halten.
- Häufig lüften, um die Luftfeuchtigkeit zu senken.
- Nur unbeschädigte Lebensmittelpackungen einkaufen. Die Packungen und ihren Inhalt auf eventuellen Schädlingsbefall überprüfen.
- Lebensmittel in dicht schließende Gefäße aus festem Material (Glas, Metall, Kunststoff) umfüllen. Ware mit dem Mindesthaltbarkeits- oder Einkaufsdatum beschriften.
- Vorratslager übersichtlich einräumen. Neu eingekaufte Waren hinten einsortieren.
- Eingelagerte Waren laufend auf eventuellen Befall von Schädlingen hin kontrollieren.
- Lebensmittel nicht zu lange lagern.
- Vorratsräume und -schränke regelmäßig reinigen.
- Von Schädlingen befallene Lebensmittel dicht verpacken und durch Hitze-, Gefrierbehandlung oder durch Übergießen mit kochendem Wasser von lebenden Schädlingen befreien.
- Vorratsschränke und -räume beim Auftreten von Schädlingen gründlich durchsuchen und reinigen.
- Chemische Bekämpfungsmittel in Innenräumen nicht selbst anwenden.
- Bei hartnäckigem Befall Rat bei der Stadt- oder Gemeindeverwaltung, bei den örtlichen Gesundheitsämtern oder lebensmittelchemischen Untersuchungsämtern, bei der Umweltberatung der Verbraucherzentrale, den Pflanzenschutzämtern der Länder oder Fachfirmen für Schädlingsbekämpfung einholen.

Adressen

aid infodienst
Ernährung, Landwirtschaft, Verbraucherschutz e.V.
Heilsbachstraße 16 · 53123 Bonn
Tel.: 0228 8499-0 · Fax: 0228 8499-177
E-Mail: aid@aid.de · www.aid.de · www.was-wir-essen.de

Bundesinstitut für Risikobewertung
Thielallee 88-92 · 14195 Berlin
Tel.: 030 8412-0 · Fax: 030 8412-4741
E-Mail: poststelle@bfr.bund.de · www.bfr.bund.de

Deutscher Schädlingsbekämpfer Verband e.V.
RodenstockHaus · Jägerstr. 26 · 45127 Essen
Tel.: 0201 82185-0 · Fax: 0201 82185-15
E-Mail: info@dsvonline.de · www.dsvonline.de

Stiftung Warentest
Lützowplatz 11-13 · 10785 Berlin
Tel.: 030 2631-0 · Fax: 030 2631-2727
E-Mail: email@stiftung-warentest.de · www.test.de

Literatur

Engelbrecht H., Reichmuth C. (Hrsg.): Schädlinge und ihre Bekämpfung – Ökologische, biologische und schädlingskundliche Grundlagen. Behr's Verlag, Hamburg 2005

Sachs C., Koop J.: Ungebetene Hausgäste – Ungeziefer vorbeugen und umweltgerecht bekämpfen. Sachs Verlag, Roßdorf 1996

Untersteiner, H.: Schädlinge in Haus und Garten – Erkennen, Vorbeugen, Bekämpfen. Leopold Stocker Verlag, Graz 2007

Mehlhorn B., Mehlhorn H.: Zecken, Milben, Fliegen, Schaben – Schach dem Ungeziefer. Springer Verlag, Heidelberg 1996

Weidner H., Sellenschlo U.: Vorratsschädlinge und Hausungeziefer – Bestimmungstabellen für Mitteleuropa. Spektrum Akademischer Verlag, Heidelberg 2003

aid-Medien

Obst

Das Heft liefert für alle gängigen Obstarten die wichtigsten Informationen zu Anbau, Einkauf, Verbraucherschutz und Küchenpraxis. Integriert sind dabei Schalenobst (Nüsse), Wildfrüchte, eine Nährwerttabelle und ein alphabetisches Obstverzeichnis.
Heft Print, 14 x 21 cm, 100 Seiten
Bestell-Nr. 5-1002

Heil- und Gewürzpflanzen aus dem eigenen Garten

66 Heil- und Gewürzpflanzen werden in Wort und Bild vorgestellt. Die verschiedenen Varianten von Kräutergärten, deren Anlage sowie die zu ihrer Pflege erforderlichen Arbeiten werden beschrieben.
Heft Print, 14 x 21 cm, 56 Seiten
Bestell-Nr. 5-1192

Schädlinge in der Gemeinschaftsverpflegung

Schädlinge sind in Großküchen aus hygienischen Gründen nicht tolerierbar. Das Special stellt die häufigsten Arten vor, erklärt ihr Verhalten und den Zyklus ihrer Vermehrung.
Special Print, DIN A4 (21 x 29,7 cm), 32 Seiten
Bestell-Nr. 5-1398
auch als Download, Leseprobe unter www.aid-medienshop.de

Allergisch auf Essen? Ratgeber bei Lebensmittelunverträglichkeiten

Beschwerden durch Essen? Das Heft hilft Menschen herauszufinden, ob sie an einer Allergie, Pseudoallergie oder nicht allergischen Unverträglichkeit leiden – und wie sie gelassen damit umgehen können.
Heft Print, 14 x 21 cm, 56 Seiten
Bestell-Nr. 5-1415

Das beste Essen für Kinder – Empfehlungen für die Ernährung von Kindern

Mein Sohn isst kein Gemüse. Was soll ich tun? Ist mein Kind zu dick? Dieses Heft beantwortet viele Fragen rund um die Ernährung von Kindern und gibt Anregungen für einen bewegten und entspannten Alltag.
Heft Print, 14 x 21 cm, 56 Seiten
Bestell-Nr. 5-1447

Allergierisiko? So können Eltern vorbeugen

Gute Nachrichten für (werdende) Eltern: In diesem Heft erfahren sie, wie sie zur Vorbeugung von Allergien bei ihrem Kind beitragen können. Mit Hilfe eines Fragenkatalogs lässt sich zudem das Allergierisiko des Kindes überprüfen.
Heft Print, 14 x 21 cm, 52 Seiten
Bestell-Nr. 5-1482

Von Apfel bis Zucchini – Das Jahr im Garten

Praktische Tipps rund um die Arbeit im Nutzgarten stecken in diesem Heft. Damit sind die beliebten und fachlich fundierten „Tipps für Hobbygärtner“ der aid-Seite www.waswiressen.de nun kompakt und übersichtlich in Heft-Form verfügbar.
Heft Print, DIN A5, 96 Seiten
Bestell-Nr. 5-1559

Bestellung

www.aid-medienshop.de

aus Deutschland:
aid infodienst e. V.
– Vertrieb –
Postfach 1627, 53006 Bonn
Telefon: 0180 3 849900*
Telefax: 0228 84 99-200
E-Mail: bestellung@aid.de

*Kosten: 9 Cent pro Minute aus dem deutschen Festnetz.
Für den Mobilfunk können abweichende Tarife gelten.

aus Österreich und Südtirol:
avBUCH, Sturzgasse 1A,
1140 Wien/Österreich
Telefon: 0043 1 982 33 44 - 482 oder - 441
Telefax: 0043 1 982 33 44 - 459
E-Mail: buch@avbuch.at

Kunden-Nr. (falls vorhanden)

Name/Vorname

Firma/Abteilung

Straße und Hausnummer/Postfach

PLZ/Ort

Telefon/Fax

E-Mail

Ich (Wir) bestelle(n) zuzüglich einer Versandkostenpauschale von 3,00 € (innerhalb Deutschlands) gegen Rechnung (Angebotsstand: April 2010):

Best.-Nr.	Titel	Medium	Anzahl	Einzelpreis €	Gesamtpreis €
5-1002	Obst	Heft		4,00	
5-1192	Heil- und Gewürzpflanzen aus dem eigenen Garten	Heft		2,50	
5-1398	Schädlinge in der Gemeinschaftsverpflegung	Special		3,50	
5-1415	Allergisch auf Essen? Ratgeber bei Lebensmittelunverträglichkeiten	Heft		2,50	
5-1447	Das beste Essen für Kinder – Empfehlungen für die Ernährung von Kindern	Heft		2,50	
5-1482	Allergierisiko? So können Eltern vorbeugen	Heft		2,50	
5-1559	Von Apfel bis Zucchini – Das Jahr im Garten	Heft		5,00	
5-1323	Küchenhygiene – deutsch	Heft		2,00	
5-3132	Küchenhygiene für Profis	Special		4,50	
5-3953	Lebensmittelverarbeitung im Haushalt	Broschüre		25,00	
5-3264	aid-Medienkatalog	Heft		0,00	0,00

☐ Ich möchte regelmäßig und kostenlos den aid-Medienkatalog erhalten. Diese Zusendung kann ich jederzeit widerrufen.

Auftragswert

Bestellungen erfolgen ausschließlich unter Einbeziehung unserer allgemeinen Geschäftsbedingungen, die Sie im Internet unter www.aid-medienshop.de einsehen oder unserem Medienkatalog entnehmen können, den wir Ihnen auf Anforderung kostenlos zusenden. Die Informationen zur Widerrufsbelehrung und den Widerrufsfolgen auf der gegenüberliegenden Seite habe ich zur Kenntnis genommen.

Datum/Unterschrift

aid infodienst Ernährung, Landwirtschaft, Verbraucherschutz e. V. (aid), Heilsbachstraße 16, 53123 Bonn, Telefon: 0228 8499-0, Telefax: 0228 8499-177,
Geschäftsführender Vorstand: Frau Dr. Margareta Büning-Fesel, eingetragen im Vereinsregister (Registernr. 2240) beim Amtsgericht Bonn